水はどこから来るのか？

水道・下水道のひみつをさぐろう

[監修] 高堂彰二

　毎日、みなさんが使っている水道の水は、どこから来るのでしょうか。そして、トイレで流した水や、風呂場の水、台所などで使った水はどこに行くのでしょうか。この本を読むと、それらのなぞをとくヒントや答えがわかります。

　水道や下水道は、「社会インフラ」とよばれていて、とても重要なものです。インフラとは、インフラストラクチャー（基盤）を略したことばです。つまり、社会インフラとは、社会や生活を支え、みんなが使える施設やしくみをさします。社会インフラには、ほかにも、電気、ガス、道路といったものもあり、どれかひとつがかけても、わたしたちは生活することができません。

　それでは、現代の水道と下水道のシステムについて学びましょう。

水道の水はどこから来て、どこへ行くの？

地球上の水は、つねに場所を移動し、かたちを変えて循環しています。

雨や雪になって降ると、山や森からダムや川にそそぎこみます。わたしたちが使っている水道の水は、この水を利用しています。その水は、まず川などに設置された取水ぜきから導水管（導水路）※1 などを通り、浄水場へ運ばれます。そして、そこで安全できれいな水にされて、給水所から家庭や学校などに届けられているのです。

また、わたしたちが使ってよごれた水は、下水道管を通って下水処理場※2 へ運ばれ、きれいな水にされてから川や海へ放流されています。川や海の水面からはつねに水分が蒸発し、雲をつくります。雲はやがて、ふたたび雨や雪を降らせます。

このように、わたしたちは自然の中をめぐっている水を利用しているのです。

※1：導水管は、取水施設から浄水場まで導く管路のこと。送水管は、浄水場から給水所まで導くための管路。水道管は給水所から学校や家に水を配るための管路。水道管をさらに配水管、給水管に分けて区別することもある。
※2：下水処理場は、水再生センターや下水浄化センターなどともいう。

もくじ

水は大切！ 水とわたしたちの環境 …………………………………… 2

この本の使い方 …………………………………… 6

第1章 水道のひみつ

水はどこからやってくるの？ 水道を調べよう！ ………………… 8

「緑のダム」って何のこと？ 水源林のひみつ ………………… 10

なぜ、必要なの？ ダムの役割 ………………… 12

川の水はきれい？ 水質の状態を教えてくれる生物 ………………… 14

川から水をどのように取り入れるの？ 取水施設 ………………… 16

安全な水をつくる方法は？ 浄水場の役目 ………………… 18

何をするところ？ 凝集沈殿 ………………… 20

何をする設備？ ろ過 ………………… 22

何をしているの？ 消毒と検査 ………………… 24

おいしい水はどうやってつくるの？ 高度浄水処理のしくみ ……… 26

どうやって届けるの？ 水を配るしくみ ………………… 28

もし、災害が起こったら？ 水道局の取り組み ………………… 30

どうやって計算するの？ 水道料金のなぞ ………………… 32

column 水道の歴史 ………………… 34

第2章 下水道のひみつ

- わたしたちが使った水はどこへ行くの？ 排水口から川や海へ …… 36
- 地面の下はどうなっているの？ 下水道管のしくみ …… 38
- これが下水をきれいにするしくみだ！ 下水処理場（水再生センター） …… 40
- よごれをどうやって分解するの？ 小さな生き物の働き …… 42
- 下水を安全に処理するために 中央監視盤室 …… 44
- 残った汚泥はどうするの？ 汚泥を処理するしくみ …… 46
- どうやって調べるの？ 下水道料金 …… 48
- もし、災害が起こったら？ 浸水や災害にそなえる …… 50

> column
> - 下水道技術実習センターとは？ …… 45
> - 洪水を防ぐための設備 …… 51
> - 下水道の歴史 …… 52

第3章 水を大切にしよう

- なぜ、川や海の水がよごれるの？ 命と健康を守る水道・下水道 …… 54
- 節水ってどんなこと？ 考えよう！ 大切な水の使い方 …… 56
- 家や学校でできることは？ みんなで工夫しよう！ …… 58

> column
> - 地球上で人間が使える水は、どのくらい？ …… 55

資料のページ 全国ご当地マンホールのふた調べ！ …… 60

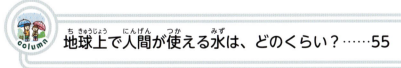

さくいん …… 62

この本の使い方

この本では、重要な社会インフラである水道と下水道の役目や、それにかかわる仕事の特色をとらえるとともに、わたしたちと上下水道事業、地域の人びと、環境とのかかわりをしょうかいします。

第1章　水道のひみつ

第1章では、水をたくわえ、きれいにして配る、日本の水道のしくみについて見ていきます。水道の仕事にたずさわる人たちもしょうかいします。

第2章　下水道のひみつ

第2章では、下水を処理し、きれいな水に再生するための設備と、下水道の仕事にたずさわる人たちをしょうかいします。

第3章　水を大切にしよう

第3章では、わたしたちが水をむだにしないで利用するための方法をしょうかいします。

こうやって調べよう！

● **もくじを使おう**
知りたいことや興味があることを、もくじから探してみましょう。

● **さくいんを使おう**
知りたいことや調べたいことがあるときは、さくいんを見れば、それが何ページにのっているかがわかります。

水道のひみつ

水はどこからやってくるの？
水道を調べよう！

水道はどこにある？

　水道の水は、蛇口をひねると出てきます。では、その蛇口はどこにあるでしょうか。家や学校で探してみましょう。

　家には、台所、洗面台、お風呂に蛇口がついています。トイレには蛇口がついていませんが、レバーをひねると水が流れます。学校ではどうでしょうか？　ろうかの水飲み・洗口・手洗い場には、蛇口がついています。給食室や理科室にも蛇口があります。町にも水道はたくさんあるので、探してみましょう。たとえば、公園の水飲み場には、蛇口があります。

蛇口のあるところ

第 1 章　水道のひみつ

水を配るための法律

　大切な水をどのようにして配るかは、「水道法※」という法律で細かく決められています。水道法では、給水人口が 101 人以上から 5000 人以下の水道事業は「簡易水道事業」、5001 人以上の水道事業は「上水道事業」などと決められています。水を使う人の数や使い方に応じて、法律で決められた方法で水が配られているのです。そうすることで、わたしたちが安心して、安全な水をいつでも使えるようにしているのです。

※ただし、水道の種類によっては、水道法で決められていないものもある。給水人口が 100 人以下の場合は、水道法の決まりにかならずしも従わなくてもよいことになっている。

「緑のダム」って何のこと？
水源林のひみつ

山と水源林。水源林は、水をたくわえるダムのような働きをすることから、「緑のダム」とよばれる。

日本の森林と水

　日本の国土の約3分の2は森林です。降った雨や雪は、やがて森林の土の中にしみこんでいき、少しずつ川に流れていきます。このように、水をたくわえる働きをする森林のことを水源林（水道水源林）といいます。

　水源林には大きく分けて3つの働きがあります。ひとつは、水をたくわえる働き（水源かん養）で、森の土は雨水をためこむことができます。2つめは、水をきれいにする働き（水質の浄化機能）です。水が土の中を流れていくときにきれいになっていきます。3つめは、土砂が流れるのを防ぐ働き（土砂流出防止機能）です。落葉が重なり、土がふかふかのスポンジのようになった森は、山の地盤を守り、成長した木の根によって土がおさえられるので、表面の土が流されにくくなります。

第1章 水道のひみつ

水源林の3つの働き

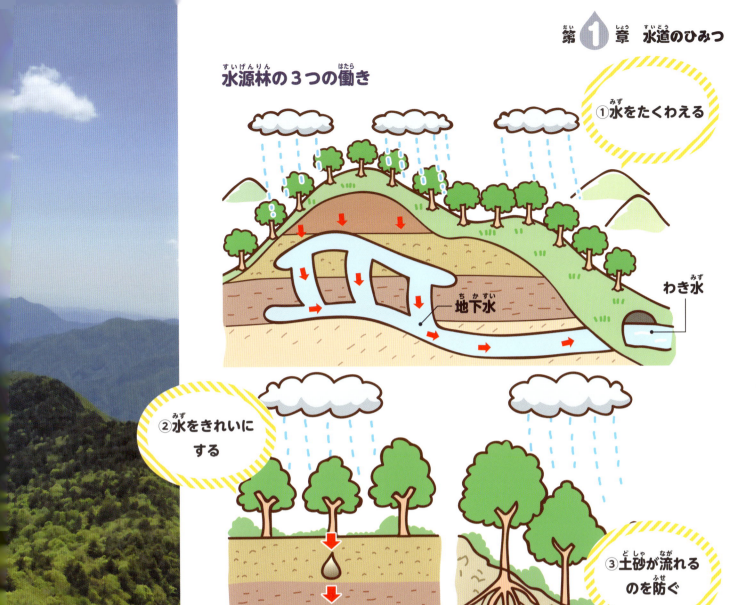

① 水をたくわえる

わき水
地下水

② 水をきれいにする

③ 土砂が流れるのを防ぐ

水源林を守る

　川の上流域では、林業の担い手の不足などが原因で、森林の手入れが行き届かなくなり、水源林がもつ水をたくわえる力（保水力）が低下するケースがふえています。
　そのため、水道局の職員が水源林を整備・保全するための作業を行っています。木を間引く「間伐」をしたり、余分な枝を切り落とす「枝打ち」をするなどして、明るく、木がよく成長する森になるように管理しています。
　また、行政がNPO法人※やボランティア団体などと共同し、森林の整備活動を行うケースもあります。

※「特定非営利活動法人」。民間の非営利団体のこと。

木に登り、枝打ちをする水道局の職員。

なぜ、必要なの？
ダムの役割

水の量を調節する

日本の1年間の降水量は、平均すると1718㎜[※1]になります。全世界の年間平均降水量は約880㎜[※2]なので、日本は水の豊かな国だと思っている人が多いようです。

しかし、日本では雨の降る時期がかたよっていて、梅雨と台風の時期に集中して雨が降ります。また、日本の川は短くて流れが急であるために、降った雨はすぐに海に流れてしまいます。

そのため、ダムをつくり雨の多い時期に水をためておき、雨の少ない時期にそなえています。ダムは、雨の多いときは、川があふれることを防いで、町を洪水から守ってくれます。

なお、ダムの高低差を利用して、水車を回し発電する、水力発電の役目をもつダムもあります。

(写真提供：独立行政法人水資源機構)

巨大な矢木沢ダム

利根川の上流部（群馬県）につくられた矢木沢ダム。約2億430万㎥の水をためることができる。ダムの水は水道や農業に使われる。

※1：1971～2000年の平均値。
※2：1961～1990年の平均値。

第 1 章 水道のひみつ

ダムの役目

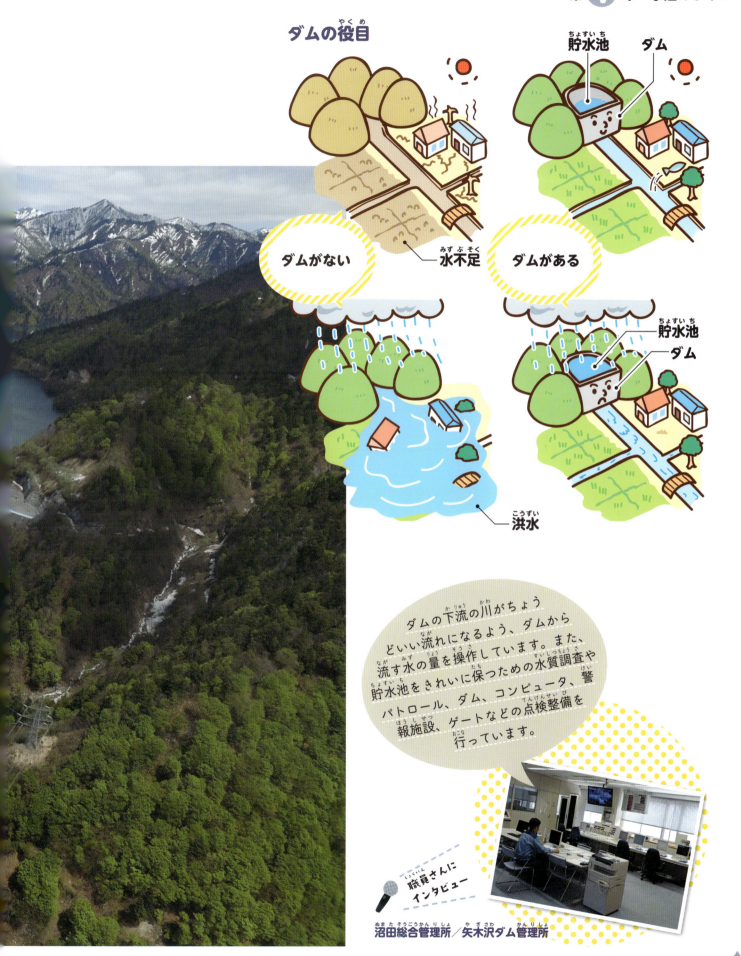

ダムがない / 水不足 / ダムがある

洪水

貯水池 / ダム

ダムの下流の川がちょうどいい流れになるよう、ダムから流す水の量を操作しています。また、貯水池をきれいに保つための水質調査やパトロール、ダム、コンピュータ、警報施設、ゲートなどの点検整備を行っています。

職員さんにインタビュー

沼田総合管理所／矢木沢ダム管理所

水質の状態を教えてくれる生物

いろいろな指標生物

　川の中にどのような生物がすんでいるかによって、水のきれいさの程度がわかります。川の中の生物は、水の中にとけている酸素（溶存酸素）の量によって、種類が異なります。

　溶存酸素の量は、水温と水のよごれの程度によって変わり、水温が低いほどたくさんの酸素がとけ、水温が高いほど少なくなります。また、よごれた川では酸素が細菌などによってたくさん使われるため、酸素の量は少なくなります。酸素の量が減ると、きれいな水にすむ生物はすめなくなり、よごれたところでもすめる生物が多く見られるようになります。

　川の溶存酸素の量とそこにすむ生物の関係から、川の水質の状態を知ることができます。このように、川の水質の状態を教えてくれる生物を「指標生物」といいます。

川の上流

上流のきれいな水（水質階級Ⅰ）は、透明で川底まで見ることができる。川には、トビゲラやサワガニ、ヤマセミ、ヤマメ、カワゲラなどがいる。

第 1 章 水道のひみつ

川の中流

川の周りに人があまり住んでおらず、川の水もあまりよごれていない。少しきたない水（水質階級Ⅱ）には、ゲンジボタルやカワニナ、スジエビなどがすみ、アユなども見られる。

川の下流

川の下流はきたない水（水質階級Ⅲ）であることが多い。川には、タニシ、タイコウチ、ミズカマキリなどがすんでいる。なお、水質階級Ⅲのほかに、大変きたない水（水質階級Ⅳ）があり、チョウバエやアメリカザリガニなどが生息している。

川から水をどのように取り入れるの？

取水施設

いろいろな取水施設

取水施設は、川や湖沼・貯水池などから水を取り入れるための施設です。取水施設には、川に水門をつくり、水をせき止めて水を取る「取水ぜき」、川や貯水池などに建てた塔から水を取る「取水塔（→ p.18）」、川岸や湖岸に門を取りつけて水を取る「取水門」、水源の表面から直接、管に水を取る「取水管きょ」などがあります。

利根大ぜき

利根大ぜきは、利根川の河口から約154 kmの地点にある取水ぜきだ。12の水門（幅は約692m）、取水口、沈砂池（→ p.18）などがある。

取水ぜきのしくみ

水門を操作して川をせき止め、川の水位を一定に保ち、必要な量の水を安定して取れるようにしている。

利根大ぜきでせき止められた水は、取水口から水路を通じて浄水場のある方面に流れていく。水は、農業用水（埼玉県・群馬県）や生活用水（東京都・埼玉県・群馬県・茨城県）、工業用水（東京都・埼玉県）として使われる。

魚道※では川をさかのぼるサケのようすも見られる。

井戸のしくみ

　日本の水道水の約30％は、地下から取水したものです。地下水が豊富にある場所は、扇状地とよばれる地形が発達した地域です。

　地下水は、大きく2種類に分けることができます。地下の地層の状態によって圧力のかかっていない浅い場所から水がわきだす「浅井戸」の水と、圧力がかかった深い場所からわきだす「深井戸」の水です。浅井戸は地表から近いため、水がよごれている場合があります。深井戸は圧力がかかっているので、場所によっては地面から噴き出していることもあります。

※魚が泳ぎやすいように、人工的につくられた水路。

安全な水をつくる方法は？

浄水場の役目

川の水をきれいにする

　もし、わたしたちが川や湖の水をそのまま飲んだら、病気になってしまうかもしれません。そうならないように、飲んでも安全な水をつくるのが浄水場です。
　浄水場では、取水ぜきや取水塔から水を取り入れ、導水管により送られてきた水を、水道法にもとづいた基準に合うように処理しています。通常は、沈殿、ろ過、消毒の3段階の処理を行っています。

安全な水をつくる工程
沈殿……①〜⑥
ろ過……⑦
消毒……⑧

※沈砂池が浄水場内にある場合もあれば、独立した設備としてはなれたところにある場合もある。

取水塔
原水とよばれる川の水を浄水場に取り入れる。

①沈砂池※
大きな砂をしずめる。

浄水場の外観

③着水井

※上の図は一般的に用いられている浄水方法「急速ろ過法」を表したもの。

第1章 水道のひみつ

⑦ろ過池

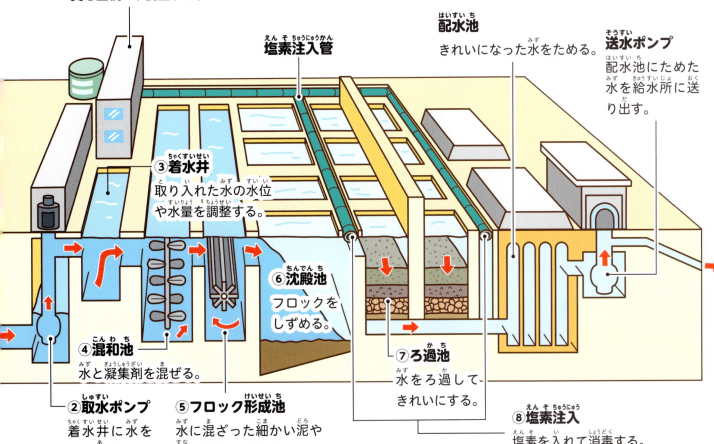

管理室
浄水場の機械の調子や、各工程の水量や水質を監視し、調整する。

塩素注入管

配水池
きれいになった水をためる。

送水ポンプ
配水池にためた水を給水所に送り出す。

③着水井
取り入れた水の水位や水量を調整する。

⑥沈殿池
フロックをしずめる。

④混和池
水と凝集剤を混ぜる。

⑦ろ過池
水をろ過してきれいにする。

②取水ポンプ
着水井に水をくみ上げる。

⑤フロック形成池
水に混ざった細かい泥や砂などをしずみやすいフロック（細かい土砂などと凝集剤とがくっついた大きなかたまり）にする。

⑧塩素注入
塩素を入れて消毒する。

⑤フロック形成池

何をするところ？
凝集沈殿

よごれを集めてしずめる設備

ダムや川から取り入れた水には、泥や砂、よごれ、細菌などが混ざっているため、そのまま飲むことができません。

浄水場ではまず、取水塔などから送られてきた水を「着水井」で受け、ここで水量を調節してから、「混和池」に送ります。混和池では、泥や砂をしずみやすくするために、凝集剤という薬品を水に混ぜます。そうすると、「フロック形成池」で細かい砂などが大きなかたまり（フロック）となり、「沈澱池」でしずみます。これを「凝集沈殿」といいます。安全できれいな水をつくるため、浄水場にはさまざまな設備が設けられているのです。

着水井

川から水を取り入れ、水量を調整するための水槽。

混和池

緑のタンクの中に凝集剤が入っている。

この地下に混和池（薬品混和池）という水槽がある。着水井から送られてきた水に、凝集剤（ポリ塩化アルミニウム※）を入れて混ぜる。

※PAC（パック）ともよばれる。

第1章 水道のひみつ

フロック形成池

沈殿池

にごりやよごれなどが集まり、かたまり（フロック）ができる。

小さな白いつぶがフロックだ。

フロックが大きくなると、その重さで底にしずむ。泥状になったフロックはかき出してきれいにする。

凝集沈殿のしくみ

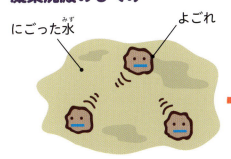

にごった水　よごれ

①にごりやよごれの粒はマイナスの電気を帯びていて、反発しあう。

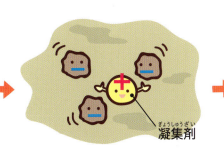

凝集剤

②凝集剤はプラスの電気を帯びているため、よごれの粒のマイナスの電気を打ち消す。そのため、粒が反発しなくなり、くっついて集まる。

上の水がきれいになる　フロック

③よごれがたくさん集まり、重くなったフロックが底へしずむ。

21

何をする設備？
ろ過

急速ろ過池

東京都の浄水場。ゴミや砂が入ってこないように、可動式の屋根（太陽光パネル）でおおわれている。屋根が開くと……。

ろ過の種類

　浄水場では、沈殿池から送られてくる水を、砂や砂利の層でつくったろ過装置に通し、沈殿しなかった細かいよごれをとります。ろ過には大きく分けて、急速ろ過、緩速ろ過、膜ろ過の方法があります。

　水中の小さなにごりや細菌などを薬品で凝集沈殿させたあとに、水の上ずみを、1日に約120～150mのスピードで通し、ろ過する方法を「急速ろ過」といいます。これに対して、1日に約4～5mのスピードで水を通し、砂の層の表層部で繁殖している微生物の浄化作用により水をきれいにろ過する方法を「緩速ろ過」といいます。また、とても小さな穴がたくさん空いた膜に水を通すことで、水のよごれをとる「膜ろ過」という方式もあります。

第 1 章 水道のひみつ

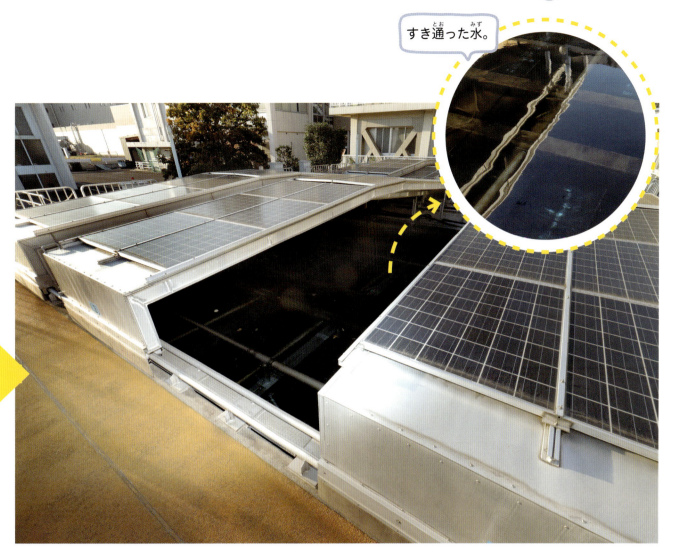

すき通った水。

ろ過される水がためられている。

砂と砂利でろ過するしくみ

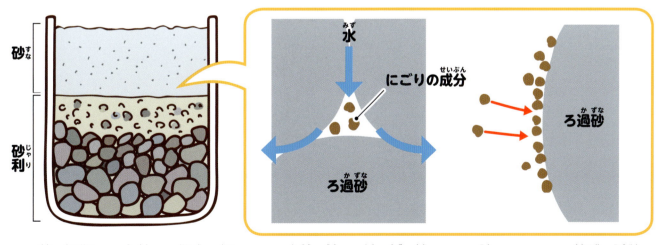

砂（直径1mm未満）と砂利（直径数mmから数cm）を数十cm～1mの厚さにしきつめる。

①ろ過層の上から下へ水を通す。

②細かいにごりが砂粒の表面にくっつき、水がきれいになる。

23

何をしているの？
消毒と検査

塩素で細菌をやっつける

　浄水場では、次亜塩素酸ナトリウムという消毒用の塩素を水に加え、人体に害のある細菌やウイルスを取りのぞきます。

　1920（大正9）年ごろより以前の日本では、消毒の技術が発達しておらず、コレラや赤痢といった、水を介して伝染する病気が発生し、流行時には1年間で約1万人もの死者が出ることもありました。現在は、蛇口から出る水にふくまれる塩素の量が、1L当たり0.1mg以上になるように水道法で決められています。ツンと鼻をつくようなカルキ臭の原因となる塩素ですが、安全な水をつくるためには必要なものです。

塩素を注入する

水に塩素を入れるための装置。塩素のもつ強い酸化力により、水のにおいを除去したり、病原性微生物を殺菌したりすることができる。

第1章 水道のひみつ

浄水場での水質検査

浄水場でつくった水道水の水質は、水道法で定められた基準に適合するものでなければいけません。そのため、きびしい検査が義務づけられています。東京都では浄水場で検査するほか、「水質センター」でさらにくわしい調査が行われます。水質基準項目は、一般細菌の数、大腸菌の有無、水銀の量など、51項目あります。

水質検査室のようす

浄水場の水質を調べるための検査室。

浄水場内の各施設の水を採取する。

> 浄水場内の各施設の水をチェックして、決められた基準に達しているかどうか、安全であるかどうかの確認をします。薬品を管理したり、なるべく薬品を節約する方法を考えるのも仕事です。

職員さんにインタビュー

東京都水道局東村山浄水管理事務所
技術課水質担当

> 残留塩素を調べるため、試験管に入れた水道水に検査薬を加える。残留塩素の量が多いほど、濃いピンク色に変化する。

おいしい水はどうやってつくるの？

高度浄水処理のしくみ

オゾンって何？

東京都や大阪府などでは、通常の浄水場の処理に、オゾンや生物活性炭を利用した「高度浄水処理」により、安全でおいしい水をつくっています。

高度浄水処理では、通常の浄水処理では十分に対応できないカビ臭のもとになる物質などを取りのぞきます。浄水場では完全に取り切れないもの（有機物）を、オゾンという酸素原子3個で構成される物質によってバラバラに分解し、さらに生物活性炭で吸着します。この高度浄水処理を沈殿池と急速ろ過池のあいだに取り入れています。

オゾンを利用する

オゾンをつくるための材料が入ったタンク。

酸素からオゾンをつくるための装置。

密閉した「オゾン接触池」にオゾンを入れ、水に溶かす。

第1章 水道のひみつ

生物活性炭って何？

オゾンの働きにより分解された有機物は、「生物活性炭」のある水槽へ流れていきます。生物活性炭とは、表面に微生物がくっついている炭のことです。オゾンがバラバラにしたにおいのもとなどの有機物を、微生物たちが食べることでにおいが吸収され、おいしい水が完成します。その後、この水は急速ろ過池へと送られます。

高度浄水処理のしくみ

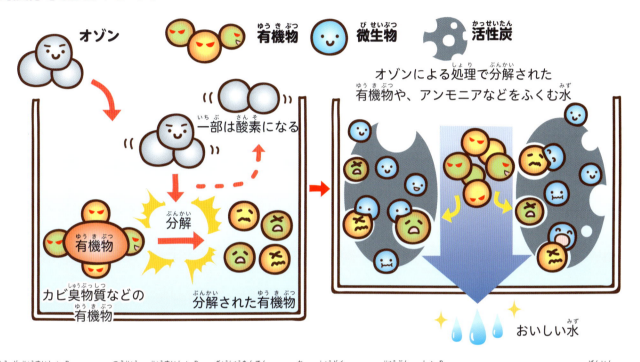

高度浄水処理では、通常の浄水処理（凝集沈殿→ろ過→消毒）では十分に処理できないカビのにおいの原因となる物質やカルキ臭のもととなるアンモニア性窒素などを処理する。

浄水処理施設は、古くなると故障することがあるので、設備が正しく動いているかをチェックします。味と安全性の両方を高いレベルにするために、いろいろな調整を行っています。

安全でおいしい水道水を供給しています！

職員さんにインタビュー

東京都水道局浄水部浄水課

どうやって届けるの？
水を配るしくみ

給水所

東京都板橋区にある給水所。広場の地下に大きな貯水槽があり、円柱形の建物の中にポンプがある。

各家庭に届く水道水が最終的に安全であることを確認するため、東京都水道局では都内131か所に、水質を自動的にはかることができる計器を設置している。

給水所って何だろう？

給水所は、浄水場できれいになった水をため、各家庭や学校などに配るための施設です。配水池とポンプ設備があり、各家庭に届くように送り出します。時間ごとに変わる水の使用量に合わせて、送る水の量や圧力を調節しています。給水設備が浄水場に組みこまれている場合もあります。災害時には、周りの地域への給水拠点となります。

第 1 章　水道のひみつ

漏水調査の方法

給水所から家や学校に水を配るための管が水道管です。水道管の多くは、道路の下に網の目のようにうめられています。水道局の職員は、水道管にひびが入ったり、穴が開いたりして水がもれていないか（漏水※）を調べ、水がもれているときは、すぐに水道管を修理するための工事を行います。

漏水調査のようす

漏水の音を聴く

専用の道具を使い、道路や敷地内で地下の水道管の水がもれていないかどうかを調べる。

専門の訓練を受けた職員が、わずかな音のちがいを聴き分ける。

漏水の音を聴く

耳で水のもれを聴きとるため、騒音の少ない夜間に行う。

水道管　　**漏水**

※東京都の漏水率は約3％で世界屈指の低さ。

29

もし、災害が起こったら？
水道局の取り組み

さまざまな給水対策

地震や津波などの災害で断水したときのために、公園などの地下に大きな貯水タンクをつくって水をたくわえています。これを「応急給水施設」（非常用貯水槽、東京都では応急給水槽）といいます。東京都では、応急給水槽や浄水場、給水所などを「災害時給水ステーション（給水拠点）」としています。災害時給水ステーションは家からおおむね半径2kmの距離内に1か所ずつ配置され、都内に200か所以上あります。災害時に水道水の配給が止まった（断水）場合は、そこで水を配ります。

飲料水などが不足している地域に、給水車を使って水を届ける。

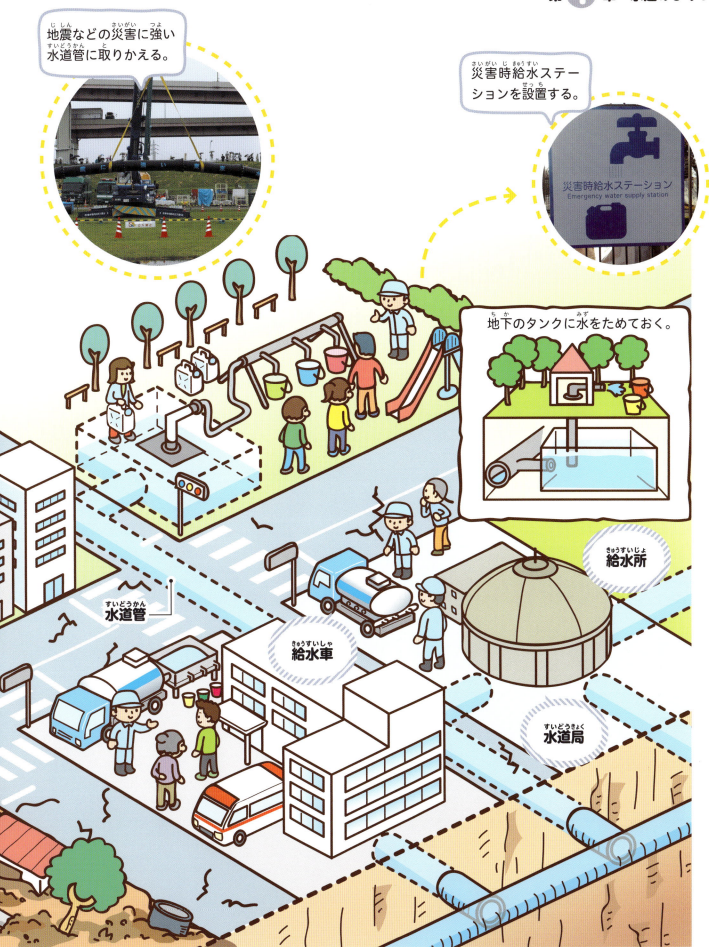

どうやって計算するの？
水道料金のなぞ

水道メーターってどんなもの？

家庭や学校でどのくらいの水を使ったかは、水道メーターの目盛りの数字を見るとわかります。水道メーターに水が流れると中の羽根車が回り、メーターの数字がふえていきます。単位はm^3で表されます。水道料金は基本料金（呼び径[※1]により異なる）と、使ったぶんの料金（従量料金）を合計したものです。水道局の検針員や水道局から依頼された担当者が2か月ごと[※2]に家庭のメーターを検針し、水道料金を計算します。

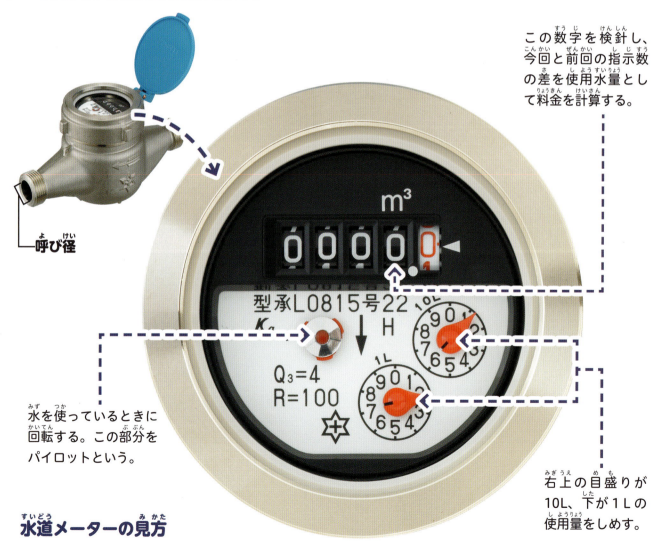

この数字を検針し、今回と前回の指示数の差を使用水量として料金を計算する。

水を使っているときに回転する。この部分をパイロットという。

右上の目盛りが10L、下が1Lの使用量をしめす。

水道メーターの見方

※1：水が流れるパイプの内側の直径を呼び径（メーター口径）という。
※2：水を大量に使う会社や工場などの場合、毎月検針するところもある。

第1章 水道のひみつ

全国の水道料金

水道事業は基本的に税金を使わず、利用者が料金をはらうことで成り立っています。そのため、地域の環境や水源地からの距離などによって水道料金にちがいが出てきます。

たとえば、富士山の周りの市町村ではきれいなわき水がたくさんあるため、浄水にかかるお金が少なくて済むので、料金は安くなります。熊本市も地下水に恵まれており、約74万人の市民の水道資源を100％地下水でまかなっています。反対に、離島では海底に水道管を通して水を送っているところもあり、そのような地域では水道料金が高くなってしまいます。このように、水道料金には地域によって大きな差があります。

水道料金・下水道料金の計算方法（東京都23区の例）

水道料金（1か月分）

呼び径（メーター口径）		基本料金	従量料金※							
			1㎥〜5㎥	6㎥〜10㎥	11㎥〜20㎥	21㎥〜30㎥	31㎥〜50㎥	51㎥〜100㎥	101㎥〜200㎥	201㎥〜1000㎥	1001㎥以上
一般用	13㎜	860円	0円	22円	128円	163円	202円	213円	298円	372円	404円
	20㎜	1170円									
	25㎜	1460円									
	30㎜	3435円	213円						298円	372円	404円
	40㎜	6865円									
	50㎜	2万720円	372円								404円
	75㎜	4万5623円									
	100㎜	9万4568円	404円								
	150㎜	15万9094円									
	200㎜	34万9434円									
	250㎜	48万135円									
	300㎜以上	81万6145円									

※使用した水1㎥ごとの価格を表す。

下水道料金（1か月分）

汚水の種別	料率								
	0㎥〜8㎥	9㎥〜20㎥	21㎥〜30㎥	31㎥〜50㎥	51㎥〜100㎥	101㎥〜200㎥	201㎥〜500㎥	501㎥〜1000㎥	1001㎥以上
一般汚水	560円	110円	140円	170円	200円	230円	270円	310円	345円

※下水を流すときに、料金が発生する（→p.48）。9㎥以上の料金は、使用した水1㎥ごとの価格を表す。

水道の歴史

　世界ではじめて水道が建設されたのは約2300年前の古代ローマです。都市での水不足を解消するために、山の水源地から直接水を引く水道橋が建設されました。

　日本ではじめてつくられた水道は、およそ500年以上前の戦国時代に、神奈川県の小田原城下に飲み水用として引かれた『小田原早川上水』だといわれています。江戸時代の水道は、高い場所から低い場所へ水が流れる、高低差のみの自然の流れを利用していました。どうしても配水できない地域に生活する人たちのためには、水を舟で運び、水売りが短い天秤棒の両端に細長い水桶をつけ、水を各家に売りに行きました。

　明治時代の中ごろまでの水道管は木製でしたが、くさるなどの問題が多かったため、外国の技術を取り入れた鉄管がだんだんと広まりました。日本の近代水道の第1号は、1887（明治20）年10月に給水が開始された横浜水道とされています。

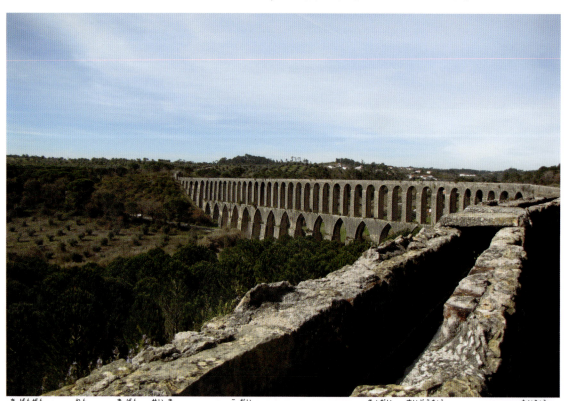

紀元前312年から紀元3世紀にかけて古代ローマでつくられた巨大な水道橋。これにより大量の水がローマに運ばれた。

下水道のひみつ

わたしたちが使った水はどこへ行くの？
排水口から川や海へ

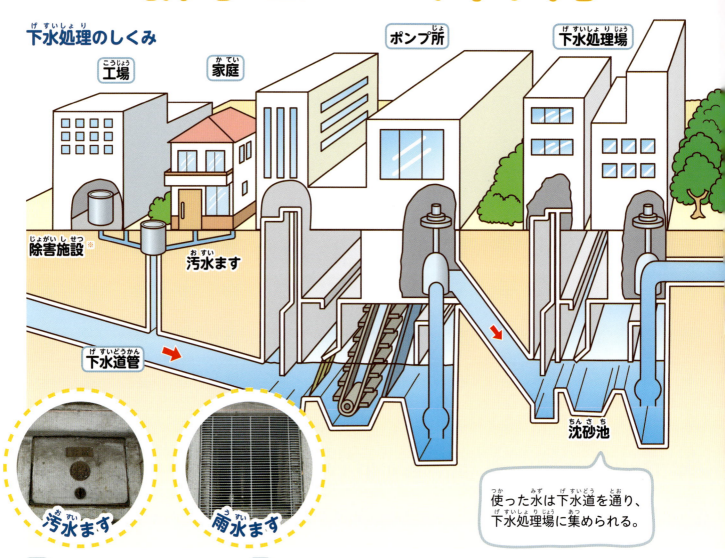

下水処理のしくみ

工場／家庭／ポンプ所／下水処理場
除害施設※／汚水ます／下水道管／沈砂池

使った水は下水道を通り、下水処理場に集められる。

汚水ます／雨水ます

排水口を見つけよう！

　使った水を流すための穴を排水口といいます。家の中では台所の流し台、洗面所、お風呂などにあります。トイレの穴も排水口といえます。学校でも同じように手洗い場やトイレにあり、プールには大きな排水口があります。排水口は、地下の下水道管につながっています。「汚水ます」は管の点検やそうじをするときなどに使われます。

　町では、排水口はおもに道路の端にある溝のところにつけられています。道路には、雨水を下水道管に流すための「雨水ます」があります。ここから雨が入るので、雨水が道路にたまることが少なく、雨の日でも安心して通ることができます。

※下水道に流す前に、水中の有害物質を処理する。

第2章 下水道のひみつ

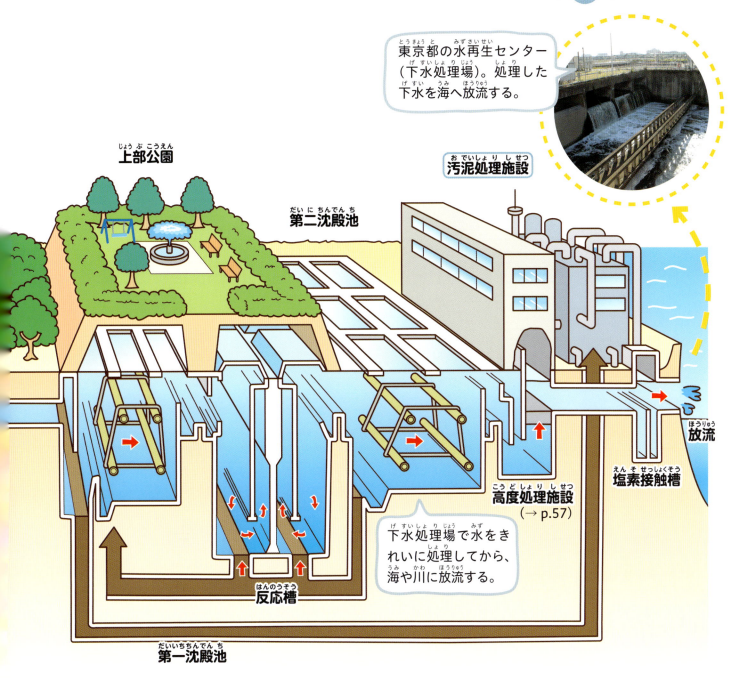

東京都の水再生センター（下水処理場）。処理した下水を海へ放流する。

下水って何？

　毎日の生活の中で使ったあとの水を「汚水」といい、雨水とあわせて、「下水」といいます。下水をそのまま地面や川などに流してしまうと、土や砂、川の水がよごれます。よごれた川の水はやがて海に流れこみ、川や海にいる魚などの生き物がすめなくなってしまいます。そのため、きれいな水に処理してから、川や海に放流したり、再利用したりします。

　下水を処理する施設はおもに、下水を集めて流す「下水道管」（→ p.38）、下水をくみ上げる「ポンプ所」（→ p.38）、きれいな水によみがえらせる「下水処理場※」（→ p.40）の3つの設備からなります。

※地域によっては、上流に下水処理場があり、下流に浄水場がある場合もある。

地面の下はどうなっているの？
下水道管のしくみ

下水道管とポンプ所

　家や学校、工場などで使った水は、地下にうめられた排水管を通って屋外に出ます。そして、道路の下にうめられている下水道管に流れていきます。下水道管の直径は最初はおよそ20〜25㎝の細い管ですが、下水が集まって水の量が多くなるので、だんだん太くなっていきます。

　下水道管にはかたむきがつけられていて、基本的には高い場所から低い場所へ自然に水が流れるしくみになっています。ただし、下水道管が地中である程度の深さになったところで、下水がポンプ所に集められる場合もあります。ポンプ所では、ポンプで水をくみ上げ、ふたたび自然に水が流れるようにしています。

排水口から下水道管へ（分流式の場合）

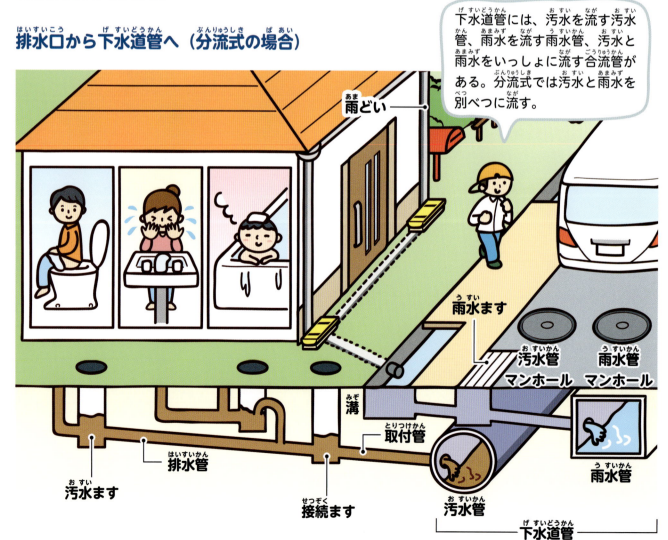

下水道管には、汚水を流す汚水管、雨水を流す雨水管、汚水と雨水をいっしょに流す合流管がある。分流式では汚水と雨水を別べつに流す。

第2章 下水道のひみつ

合流式の場合

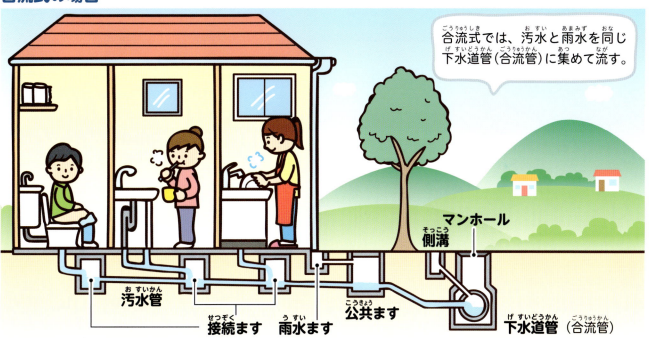

ポンプ所の役目

これが下水をきれいにするしくみだ！
下水処理場（水再生センター）

沈砂池から放流まで

下水処理場は、下水道管から流れてきた下水（汚水や雨水）をきれいにしてから川や海へ放流する施設で、「水再生センター」ともよばれています。東京都の水再生センターでは、10～20時間ほどかけて下水をきれいに処理し、海や川に放流しています。水再生センターで行われる下水処理は、基本的に、沈砂池、第一沈殿池、反応槽、第二沈殿池、塩素接触槽で処理をしながら、水をきれいにします。

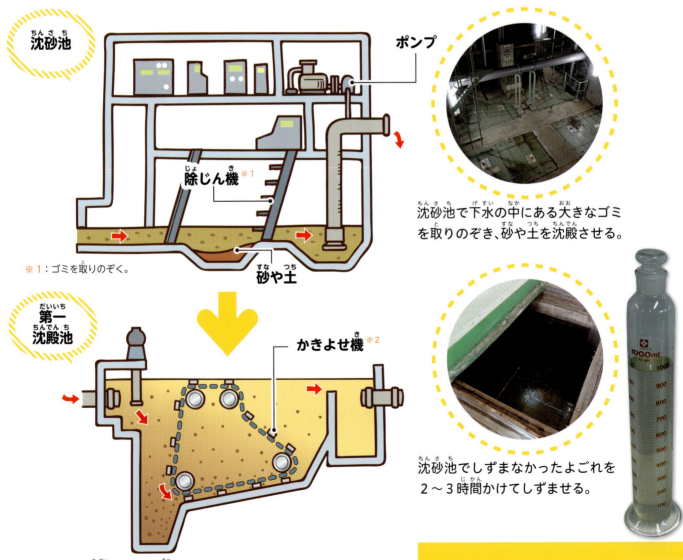

沈砂池

※1：ゴミを取りのぞく。

沈砂池で下水の中にある大きなゴミを取りのぞき、砂や土を沈殿させる。

第一沈殿池

※2：しずんだ汚泥をかきよせて集める。

沈砂池でしずまなかったよごれを2～3時間かけてしずませる。

第2章 下水道のひみつ

反応槽

散気装置（エアレーション） ※3

茶色の泥の中に微生物（→ p.42）が生息していて、下水のよごれを微生物が食べてくれる。

※3：空気を吹きこみ、微生物の動きを活発にする。

第二沈殿池

かきよせ機

反応槽でできた汚泥を3〜4時間かけてしずませて取りのぞく。なお、第二沈殿池で処理された水の一部は、「再生水」にするために、高度処理施設に送られる（→ p.57）。

塩素接触槽

消毒装置

処理した水を塩素で消毒してから、最後に川や海へ放流する。

消毒した水。

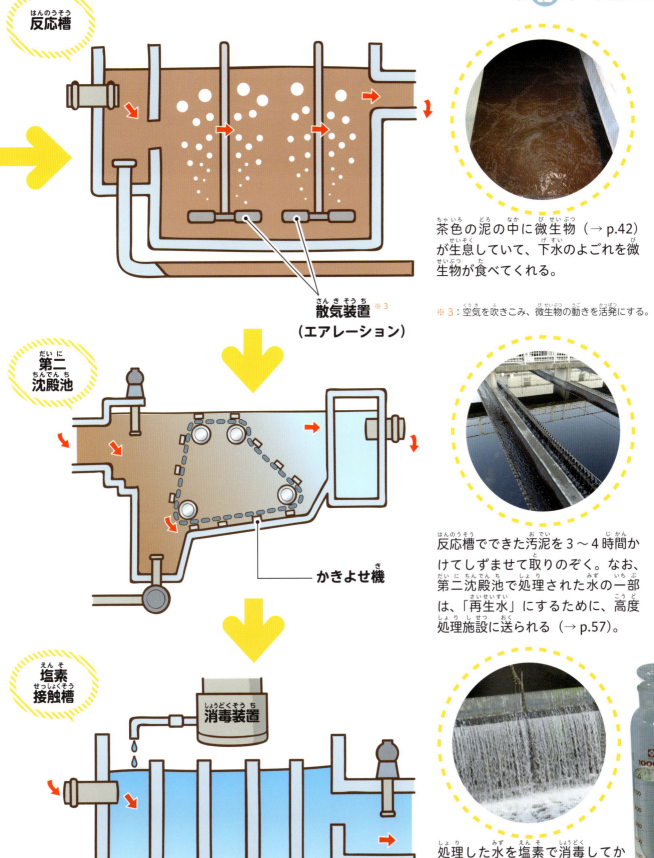

よごれをどうやって分解するの？
小さな生き物の働き

微生物ってどんな生き物？

微生物は、顕微鏡でしか見られない、ごく小さな生き物です。微生物たちは、よごれ（有機物）を食べて成長し、増えていきます。汚水には、海や川をよごす原因になる物質が多くふくまれていますが、そのよごれを微生物が食べることにより、汚水のよごれが取りのぞかれるのです。水再生センターの反応槽では、「活性汚泥」という泥の中に、全長が1mmにも満たない微生物が何十種類も生息していて、水中のしずみ切れない小さなよごれを食べてくれます。

いろいろな微生物

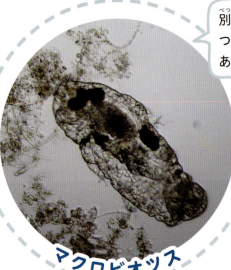

マクロビオッス

別名は「クマムシ」。つめのはえた8本のあしがある。

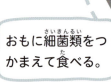

おもに細菌類をつかまえて食べる。

アメーバ

ペラネマ

「フトヒゲムシ」ともいう。

第2章 下水道のひみつ

微生物がよごれを食べると……

「いただきまーす」

微生物のいる泥水。

上の部分がきれいになった。

水中のよごれを微生物が食べる。

食べた分だけ体重や数がふえてしずむ。

水質検査をする職員

水再生センターの水質試験室には専門の職員がいて、処理した水がきれいになっているかどうか、水質をきびしく検査します※。また、微生物の数や種類によって、汚水の中の窒素やリンなどを除去する量が変わってくるので、適切な数や種類の微生物が生息できるように、酸素の量などを調節します。

放流する水を採取してにごり具合を見ます。この日は100cm先まで見えました。

何匹いるかな？

顕微鏡で微生物の数を記録します。

※ 水質検査は1～2時間ごとに行われる。

下水を安全に処理するために

中央監視盤室

中央監視盤室のようす

中央のモニターには施設のようすや作動のようすなどが映し出され、一目で確認できるようになっている。

下水処理場の司令塔

　下水処理場では、日夜、絶え間なく流れこんでくる大量の下水を処理しなければなりません。そのため、交代勤務を行い、24時間体制でさまざまな機械の運転のようすを監視しています。
　東京都では水再生センターの司令塔ともいえる「中央監視盤室」で、微生物を活発に働かせ、下水のよごれを泥として確実に排出・処分するために、設備の保守と点検を行っています。また、水再生センターが管理している地域のポンプ所の監視や遠隔操作も、中央監視盤室で行います。たとえば、豪雨のとき、どの地区のどこのポンプを動かして水を流せばいいかを判断し、町が水浸しにならないようにつねに見守っています。

第2章 下水道のひみつ

中央監視盤室で監視する。

おもな仕事は機械設備の管理です。機械の故障や異常がないか、すみずみまで点検します。また、台風の季節は豪雨を予想し、事前にポンプの水のくみ上げ量をふやすなどして、対応します。

下水をきれいにして、海や川にもどすことがわたしたちの使命です。

下水をくみ上げるためのポンプを点検・操作することも大切な役目。

職員さんにインタビュー

東京都下水道局・
森ヶ崎水再生センター
設備管理担当

column 下水道技術実習センターとは？

「下水道技術実習センター」（東京都下水道局）という、下水道の仕事にかかわる人が実習を行うための施設があります。実習の施設は、実際の下水道施設とほぼ同じようにつくられています。あらかじめ練習しておけば、実際に現場に出たときに、落ち着いて安全に作業をすることができます。

下水が流れている下水道管を歩く訓練。

ポンプの能力をはかり、下水道料金の計算をするための実習。

残った汚泥はどうするの？
汚泥を処理するしくみ

東京都にある「スラッジプラント」。

燃やして灰にする

　下水処理場では、水をきれいにするときに、水槽の底に「汚泥」がたまります。汚泥をそのまま流すと、川や海がよごれてしまいます。土にうめてもにおいがしたり、周りの環境をよごすことになってしまうので、泥の水分を飛ばし、焼いて灰にして処理します。
　東京都下水道局の汚泥処理施設（スラッジプラント）では、汚泥を濃縮・脱水・焼却し、灰にします。灰はセメントの材料にするなど有効活用し、あまった灰はうめ立てて処理します。灰にしてうめ立てれば、生物にとって害となる成分はなくなり、においもありません。

第 2 章　下水道のひみつ

汚泥処理のあらまし

まず、汚泥は「重力濃縮槽」に入れられ、自然の重力によってしずみ、濃縮汚泥と上ずみとに分けられる。汚泥を定期的に入れることで、先に入れた汚泥を押し下げて濃縮する。

濃縮汚泥

濃縮汚泥を「遠心脱水機」に入れる。洗たく機の脱水装置のように回転させて、遠心力で水分を飛ばす。

この機械で汚泥の水分を約20％へらす。

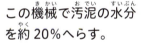
脱水

脱水した汚泥を燃やし、灰にする。

800℃以上の高温で、あっという間に汚泥を燃やす。

焼く

リサイクルすると……

焼却後の灰。

セメント、コンクリートのブロック、下水道管などの材料の一部として再利用。

多くの人の生活を支える仕事です。大きなやりがいを感じます！

職員さんにインタビュー

東京都下水道局・森ヶ崎水再生センター・南部スラッジプラント管理担当

どうやって調べるの？
下水道料金

下水道料金のしくみ

　下水道料金は、家庭や学校などから流れ出た汚水の量をもとにします。「流れた量」は、水道水を使った場合、水道の使用量とほぼ同じとみなして計算します。

　東京都23区の場合、下水道料金は0〜8㎥までは1か月で560円で、それ以上になると1㎥あたり110円（9〜20㎥）、140円（21〜30㎥）と、値段が上がっていきます（→ p.33）。

下水道料金はいくら？

東京都23区の場合、「水道・下水道使用量等のお知らせ」という紙を見ると、その家庭でどれだけ水道・下水道を使ったかが記録されており、料金がしめされる（2か月ごと）。

調査して計算する

　工場や家、学校などでは、井戸から地下水をくみ上げて利用しているところがあります。地下水を使って下水道に流した場合も、下水道料金がかかります。その場合は、地下水をくみ上げるポンプの能力（1時間にどれくらいの量の水を吸い上げたか）と、ポンプが作動した時間を掛けることによって使った水の量を割り出し、そのぶんが下水道に流れたものとみなして下水道料金が決まります。地下水を使うためのポンプが設置されているところには、下水道局の職員が定期的に調査に行って、ポンプの能力を調べています。

第2章　下水道のひみつ

ビオトープで使った水の量を調べる

東京都練馬区立高松小学校では、自然に親しむためにビオトープ※づくりや緑のカーテンづくりに取り組んでいる。ビオトープの池の水は、井戸からくみ上げた地下水が使われている。

東京都下水道局の職員が、どのくらいの量の地下水をくみ上げたかを調べる。

地下水をくみ上げるためのポンプが作動すると、メーターの数字が変わる。職員は5分間で何リットルの水が流れるかを調べ、その数値をもとに料金を計算する。

> 井戸水を使用している家や事業所に出向いて井戸水の使用量の調査を行ったり、建築現場で出るわき水を下水道に流す場合、水の量をはかるために工事現場に行ったりします。下水道を使うのにお金がかかるということを理解してもらうために、お客さまにはていねいな説明を心がけています。わかってもらえたときには、とてもやりがいを感じます。

職員さんにインタビュー

東京都下水道局・
経理部業務管理課企画指導担当

※多様な生物が生育・生息し、生態系がつくりだされている空間。

もし、災害が起こったら？

浸水や災害にそなえる

浸水被害を防ぐ

下水道管の中に泥やゴミがたまると、下水の流れが悪くなったりつまったりして、マンホールから下水があふれたりします。そうならないように点検して、そうじをして泥やゴミを取りのぞきます。大きな下水道管なら人間が入って点検し、小さい下水道管はカメラがついたロボットで画像を確認して、つまりやよごれを取りのぞきます。

また、雨水を一時的にためておくことができる広いスペースを地下につくり、町が水びたしにならないようにしています。

過去に起こった浸水被害

1982（昭和57）年9月12日、東京都では、台風がもたらした大雨により、荒川、綾瀬川、神田川などの水があふれ、約2万4300棟が床上・床下浸水の被害を受けた。写真は新宿区山吹町。

下水道を点検する

カメラつきのロボットを使った点検。

降った雨は雨水ますから下水道に入る。雨水ますにゴミなどをすてないようにしよう。

浸水被害をへらす雨水ます

第 2 章　下水道のひみつ

洪水を防ぐための設備

都市部では、地面の多くがアスファルトなどで舗装され、水が地面にしみこみにくくなっています。とくに、地盤の低い地域では、大雨のときに川の水位が上昇すると、降った雨を川に放流することが困難になり、浸水の被害をもたらすおそれがあります。そのため、地下深くに巨大な管や貯水槽をつくり、雨水を一時的に貯留して、洪水を防いでいます。

和田弥生幹線は地下50mの深さにつくられた貯留施設。ここに、小学校のプールで400杯分ほどの約12万m³の雨水をためることができる。

災害にそなえる

災害が起こったとき、わたしたちがいつもどおりの生活を送れるように、下水道管、下水処理場、ポンプ所の耐震化が進められています。下水処理場やポンプ所には、非常用の電源設備がそなえつけられているので、災害により停電しても、下水の処理が止まってしまうことはありません。

また、非常時に水洗トイレが使えなくなった場合にそなえ、公共の下水道管につながったマンホールを仮設トイレとして使用できるよう、準備している自治体もあります。2016（平成28）年4月14日の熊本地震発生時に、熊本市では市内の中学校4校に約20基のマンホール利用型トイレを整備していたため、多くの被災者が利用することができました。

マンホールがトイレに変身！

マンホール

災害時に、下水道局や避難所の職員などがマンホールのふたを開け、その上に便器を設置する。

下水道の歴史

　世界最古の下水道は、4000年前の古代インドにありました。モヘンジョ・ダロでは、家から出た汚水を大通りの下水道管に流し、沈殿池に集めていました。

　ヨーロッパでは産業革命前までは下水道がなかったため、よごれた水やし尿※は道路や家の周りにすてられていました。そのため、コレラなどのおそろしい感染症が流行しました。

　日本では、安土桃山時代に豊臣秀吉が「太閤下水」という下水道を整備し、いまも一部で使われています。江戸時代の下水は、し尿をふくまない生活排水と雨水のことをいいました。日本には、し尿を大切な肥料として売買し、農作物に利用する習慣があります。トイレの構造はおもにくみ取り式だったので、溝などにし尿が流れ出すことはなく、清潔に保たれていました。当時の江戸の町は、現在の東京からは想像もできないほどのたくさんの堀や川が流れていて、これが下水道の役割をしていたのです。

　明治時代になると、本格的な下水道がつくられ、1922（大正11）年には東京の三河島に最初の汚水処分場がつくられました。

1962（昭和37）年の三河島汚水処分場のようす。

※人間の大便と小便のこと。

水を大切にしよう

なぜ、川や海の水がよごれるの？

命と健康を守る水道・下水道

川や海がよごれる原因

第二次世界大戦が終わり、1955年ごろ（昭和30年代）になると、日本の経済が発展しはじめ、工場がたくさん建ちました。しかし、当時は下水道が十分に整備されていなかったこともあり、家から出た生活排水や、工場から出る工場排水はそのまま川や海に流されていました。

しかし、そうした水にふくまれる成分の中には生物にとって好ましくないものもふくまれていて、そこにすんでいた魚を食べた人間にも健康被害が出るようになりました。熊本県では歩けなくなったり、しゃべれなくなる症状が出る「水俣病」、富山県では体中が痛くなる「イタイイタイ病」といった、工場から出たよごれた水が原因とされる病気が発生しました。

そのため、川や海のよごれを防止する法律ができました。下水処理場で処理できない有害な物質を流してはいけないように決め、下水道を整備し、工場や家から出るよごれた水を下水処理場できれいな水にしてから、川や海に放流するようにしたのです。

よごれた川
1965年ごろ（昭和40年代）、東京都調布市を流れる多摩川※のようす。工場や家からの排水により大量の白い泡が発生している。1971（昭和46）年ごろ、多摩川流域での下水道の普及率は約20％だった。

※山梨県甲州市の笠取山が源流で、東京都の西部から南部を流れ、東京湾に流れこむ川。

第3章 水を大切にしよう

下水処理で川がきれいに！

　工場や家で使われたよごれた水の中に、生物に害がある成分があることがわかってからは、下水道を行きわたらせ、下水処理場を日本中につくりました。いまでは100人のうち78人の割合で、下水道を使えるようになりました。そのおかげで川や海はだんだんときれいになり、1975年ごろ（昭和50年代）には水俣病やイタイイタイ病などの公害はなくなり、かつてはほとんど魚がすめなかった川にも生物がもどってきています。

　多摩川の中流部では、流域で下水道が普及するにつれ、水質が改善されていきました。2016（平成28）年には多摩川で460万尾以上のアユが遡上したと報告されています。

遡上するアユ。

2012（平成24）年の多摩川
2011（平成23）年、多摩川流域の下水道の普及率は約99％に達した。

column 地球上で人間が使える水は、どのくらい？

　地球上には約14億km³もの水があります。そのうち、約97.47％が海水で、残りのおよそ2.53％が塩分をふくまない水（淡水）です。しかし、淡水のほとんどは、南極や北極の雪と氷、それと深い地中にある地下水です。わたしたちが利用できる水は、およそ0.01％にすぎません。

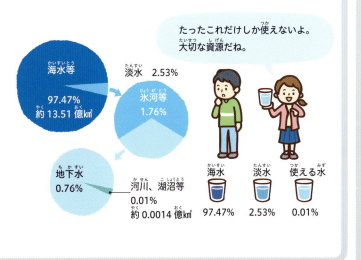

海水等 97.47％ 約13.51億km³
淡水 2.53％
氷河等 1.76％
地下水 0.76％
河川、湖沼等 0.01％ 約0.0014億km³

たったこれだけしか使えないよ。大切な資源だね。

海水 97.47％　淡水 2.53％　使える水 0.01％

55

節水ってどんなこと？
考えよう！大切な水の使い方

雨水をためて使う

水を大切にし、使う量をへらすことを「節水」といいます。

たとえば、大阪府吹田市の谷上池公園では、ためた雨水を消防用水として利用しています。東京都多摩市の南鶴牧小学校や千葉県の野田市総合公園陸上競技場では、グラウンドの芝生の水まきのために、ためた雨水を利用しています。また、東京都千代田区の大妻中学高等学校や大妻女子大学では、水洗トイレなどに雨水を利用しています。

東京スカイツリー®のある、東京スカイツリータウン®には地下に雨水をためる槽があって、ためた雨水をトイレに流す水や草木の水やりなどに使っています。その容量は約2635㎥にもなります。たくさん雨が降ったときには、ここに水を集めることで、周りの洪水を防ぐために利用されます。

ためた雨水をどのように使うの？（大妻中学高等学校の場合）

雨水を貯水タンクにためる。

ろ過装置でろ過する。

水洗トイレなどに利用。

第3章 水を大切にしよう

環境にやさしい再生水

　窒素やリンといった物質が入った水が、海にたくさん流れ出ると、プランクトンという生物がふえすぎてしまい、魚などの生物が生きるために必要な酸素が足りなくなって死んでしまいます。

　そのため、下水処理場の中には、通常の下水処理に加え、ろ過処理やオゾン処理などの「高度処理」を行い、窒素やリンを取りのぞいているところがあります。高度処理の種類はおもに2つあります。ひとつは「砂ろ過法」や「生物膜ろ過法」など、第二沈殿池で取り切れなかった小さなよごれをろ過する処理法。もうひとつは、窒素やリンを取りのぞく「A_2O法」です。A_2O法では、窒素やリンを食べてくれる微生物がふえるように、水槽に吹きこむ酸素の量を調節しています。

　高度処理を行った水は、「再生水（中水道、雑用水）」といい、東京都では芝浦、有明、落合などの水再生センターでつくられています。

高度処理施設

落合水再生センター

再生水の利用例

飲み水としては利用できないので、東京臨海新交通臨海線「ゆりかもめ」の車体を洗うときに、使われる。

再生水の放流

再生水を放流した川（東京都大田区）。

家や学校でできることは？
みんなで工夫しよう！

水をむだにしない

家庭で1人が1日に使う水の量は約219Lで、わたしたちが生活に使う水は、風呂水40％（約88L）、トイレ21％（約46L）、炊事18％（約39L）、洗たく15％（約33L）、洗面・その他6％（約13L）となっています※。シャワーの水をこまめに止めたり、風呂水を洗たくに使うなどすれば、水を節約することができます。食器を洗うときにも水を出しっぱなしにしないことが大切です。

また、家庭では雨どいに雨水タンクを取りつけ、雨水をためることで、庭に水をまいたり、自家用車を洗ったりするのに使えるため、水道水を節約することができます。

どうすれば節水できるの？

軒先に設置された雨水タンク。このように、タンクの下に蛇口がついているタイプもある。

※東京都水道局の調査より。2015（平成27）年度の量。

第3章 水を大切にしよう

水をよごさないための工夫

わたしたちが家や学校などで水をよごさないために、どのようなことができるでしょうか？　たとえば、家の台所では、食べ残しをできるだけ出さないように量を考えて調理しましょう。食器の油よごれはそのまま流さず、ふき取ってからすてること。揚げ物などに使って古くなった油も新聞紙などにしみこませてすてましょう。

浴室では排水口にたまった髪の毛はできるだけ、古い歯ブラシなどでかき取りましょう。洗たく機に入れる洗剤はできるだけ少なめにすること。また、風呂、トイレなどを洗うときの洗剤もできるだけ少なくすることで、水のよごれを防ぐことができます。

わたしたちにできること

油でよごれた食器をふき取る。

洗剤を入れすぎない。

使った食用油を排水口にすてない。

食用油の捨て方 (市区町村によって異なる場合もある)

紙パック

牛乳などが入っていた紙パックに、古紙や古布などをつめ、よくさました油をしみこませてから、水をしみこませて自然発火を防ぐ。紙パックの口を粘着テープでとめ、可燃ゴミの収集日に出す。

ポリ袋

二重にしたポリ袋に新聞紙を入れ、よくさました油をしみこませ、水をしみこませる。袋の口を輪ゴムなどでしっかりとめ、可燃ゴミの収集日に出す。

凝固剤

市販されている凝固剤を入れて油を固め、可燃ゴミの収集日に出す。

資料のページ

ご当地マンホールのふた調べ！

下水道のマンホールのふたから、どんなことがわかるでしょうか？
全国各地のマンホールを調べてみましょう。
また、下水道普及率※1についても調べてみましょう。

北海道
市町村名　札幌市
図の内容　時計台と豊平川を遡上するサケ
下水道普及率　99.8%

東北
市町村名　青森市
図の内容　ねぶたと跳人
下水道普及率　80.4%

関東
市町村名　吉見町
図の内容　吉見百穴※2と埴輪
下水道普及率　23.9%

北陸
市町村名　勝山市
図の内容　日本に生息していた恐竜「フクイラプトル」
下水道普及率　85.0%

中部
市町村名　富士市
図の内容　駿河湾の白波と富士山
下水道普及率　75.1%

※1：下水道普及率は、下水道利用人口を総人口で割って求めた値。2017（平成29）年の全国の下水道普及率は78.3%。
※2：古墳時代後期（6〜7世紀）の横穴墓群。

市町村名　東大阪市
図の内容　2019年開催のラグビーワールドカップ
下水道普及率　98.6%

市町村名　神戸市
図の内容　王子動物園の動物たち
下水道普及率　98.7%

市町村名　岡山市
図の内容　「桃太郎」伝説の登場人物
下水道普及率　66.1%

市町村名　竹原市
図の内容　竹とたけのことかぐや姫
下水道普及率　15.3%

市町村名　高松市
図の内容　那須与一
下水道普及率　63.3%

市町村名　熊本市
図の内容　肥後つばき
下水道普及率　89.1%

注意：夏は強い日差しのため、マンホールのふたの温度が60℃以上になる場合もあります。ふたを調べるときは、やけどをしないように気をつけましょう。
また、交通事故にあわないよう、十分に注意しましょう。

さくいん

あ

- 青森市 …… 60
- 浅井戸 …… 17
- 油よごれ …… 59
- 雨雲 …… 2
- 雨どい …… 38, 58
- 雨水 …… 36, 39, 56
- アメーバ …… 42
- アメリカザリガニ …… 15
- アユ …… 15, 55
- アンモニア …… 27
- イタイイタイ病 …… 54, 55
- 井戸 …… 17, 48, 49
- 雨水管 …… 38
- 雨水タンク …… 58
- 雨水ます …… 36, 38, 50
- A₂O法 …… 57
- 枝打ち …… 11
- NPO法人 …… 11
- 遠心脱水機 …… 47
- 塩素 …… 19, 24, 41
- 塩素接触槽 …… 37, 41
- 塩素注入管 …… 19
- おいしい水 …… 26, 27
- 応急給水施設（非常用貯水槽、災害時給水ステーション） …… 30, 31
- 岡山市 …… 61
- 汚水 …… 37, 48, 52
- 汚水管 …… 38, 39
- 汚水ます …… 36, 38
- オゾン …… 26, 27
- オゾン処理 …… 57
- 小田原早川上水 …… 34
- 汚泥 …… 41, 46, 47
- 汚泥処理施設（スラッジプラント） …… 37, 46, 47

か

- 海水 …… 55
- 仮設トイレ …… 51
- 活性汚泥 …… 42
- 活性炭 …… 27
- 勝山市 …… 60
- 可燃ゴミ …… 59
- カビ臭 …… 27
- 紙パック …… 59
- 下流 …… 15
- カルキ臭 …… 24, 27
- カワニナ …… 15
- 簡易水道事業 …… 9
- 緩速ろ過 …… 22
- 間伐 …… 11
- 管理室 …… 19
- 基本料金 …… 32, 33
- 給水管 …… 3
- 給水拠点 …… 28, 30
- 給水車 …… 30, 31
- 給水所 …… 3, 19, 28, 29, 31
- 急速ろ過 …… 22
- 急速ろ過池 …… 22
- 急速ろ過法 …… 18
- 凝固剤 …… 59
- 凝集剤 …… 20, 21
- 凝集沈殿 …… 20, 21, 27
- 魚道 …… 17
- 近代水道 …… 34
- 熊本市 …… 51, 61
- 熊本地震 …… 51
- 雲 …… 3
- 下水 …… 3, 37, 40, 44, 45
- 下水処理場 …… 3, 36, 37, 39, 54
- 下水道 …… 50, 52, 54, 55
- 下水道管 …… 3, 36, 37, 38, 40, 47, 50, 51
- 下水道技術実習センター …… 45
- 下水道局 …… 48, 49
- 下水道普及率 …… 54, 60, 61
- 下水道料金 …… 33, 48
- ゲンジボタル …… 15
- 原水 …… 18
- 工業用水 …… 17
- 工場排水 …… 54
- 洪水 …… 12, 13, 51, 56
- 降水量 …… 12
- 高度浄水処理 …… 26, 27
- 高度処理 …… 57
- 高度処理施設 …… 37, 57
- 神戸市 …… 61
- 合流管 …… 38
- 古代ローマ …… 34
- コレラ …… 24, 52
- 混和池（薬品混和池） …… 19, 20

さ

- 再生水（中水道、雑用水） …… 41, 57
- サケ …… 17, 60
- 札幌市 …… 60
- サワガニ …… 14
- 酸化力 …… 24
- 散気装置（エアレーション） …… 41
- 酸素 …… 14, 26, 27
- 残留塩素 …… 25
- 次亜塩素酸ナトリウム …… 24
- 地震 …… 30
- し尿 …… 52
- 指標生物 …… 14
- 蛇口 …… 8, 24
- 砂利 …… 23
- 従量料金 …… 32, 33
- 重力濃縮槽 …… 47
- 取水管きょ …… 16
- 取水口 …… 16, 17
- 取水施設 …… 16
- 取水ぜき …… 2, 16, 17
- 取水塔 …… 16, 18
- 取水ポンプ …… 19
- 取水門 …… 16, 17
- 浄化機能 …… 10
- 焼却 …… 46, 47
- 浄水場 …… 3, 17, 18, 20, 25, 26
- 上水道事業 …… 9
- 消毒 …… 18, 24, 27
- 消毒装置 …… 41
- 上流 …… 14
- 食用油 …… 59
- 浸水（浸水被害） …… 50, 51
- 水位 …… 17
- 水位観測塔 …… 17

水温 ……………………………14	タニシ ……………………………15	ペラネマ（フトヒゲムシ）…………42
水銀 ……………………………25	多摩川 …………………………54, 55	保水力 ……………………………11
水源かん養 ………………………10	ダム ……………………2, 12, 13, 20	ポリ塩化アルミニウム ……………20
水源林（水道水源林）…………10, 11	淡水 ……………………………55	ポンプ
炊事 ……………………………58	地下水 ……………………17, 48, 49	……… 28, 38, 40, 44, 45, 48, 49
水質 ………………… 14, 19, 25, 28	窒素 ……………………………27, 57	ポンプ所 …… 2, 36, 38, 39, 44, 51
水質階級Ⅰ ………………………14	着水井 ……………………18, 19, 20	
水質階級Ⅲ ………………………15	中央監視盤室 ……………………44, 45	**ま**
水質階級Ⅱ ………………………15	チョウバエ ………………………15	膜ろ過 ……………………………22
水質階級Ⅳ ………………………15	貯水池 ……………………………13, 16	マクロビオツス（クマムシ）…………42
水質検査 …………………………25, 43	沈殿 ……………………………18, 22	マンホール ………… 50, 51, 60, 61
水蒸気 ……………………………2	沈殿池 ……………………19, 21, 22, 52	マンホール利用型トイレ …………51
水洗トイレ ………………………56	津波 ……………………………30	三河島汚水処分場 ………………52
水道 ……………………………8, 12	導水管 ……………………………3	ミズカマキリ ……………………15
水道管 ……………………………29, 31	利根大ぜき ………………………16, 17	水再生センター
水道橋 ……………………………34	利根川 ……………………12, 16, 17	……………… 2, 37, 40, 42, 43, 44, 57
水道局 ……………… 11, 29, 30, 31	トビゲラ …………………………14	水不足 ……………………………13
水道法 ……………………………9, 18	豊臣秀吉 …………………………52	溝 ……………………………38
水道メーター ……………………32		水俣病 ……………………………54, 55
水道料金 …………………………32, 33	**な**	メーター口径 ……………………32, 33
水門 ……………………………16, 17	那須与一 …………………………61	モヘンジョ・ダロ …………………52
水力発電 …………………………12	ねぶた ……………………………60	
スジエビ …………………………15	農業用水 …………………………17	**や**
砂 ……………………………23	農作物 ……………………………52	矢木沢ダム ………………………12
砂ろ過法 …………………………57	濃縮汚泥 …………………………47	ヤマセミ …………………………14
生活排水 …………………………54		ヤマメ ……………………………14
生物活性炭 ………………………26, 27	**は**	有機物 ……………………26, 27, 42
生物膜ろ過法 ……………………57	灰 ……………………………46, 47	ゆりかもめ ………………………57
赤痢 ……………………………24	配水管 ……………………………3	溶存酸素 …………………………14
節水 ……………………………56, 58	排水管 ……………………………38	横浜水道 …………………………34
扇状地 ……………………………17	排水口 ……………………36, 38, 59	吉見町 ……………………………60
洗たく ……………………………58	配水池 ……………………………19, 28	呼び径 ……………………………32, 33
送水管 ……………………………3	パイロット ………………………32	
	反応槽 ……………………37, 41, 42	**ら**
た	ビオトープ ………………………49	リサイクル ………………………47
第一沈殿池 ………………………37, 40	東大阪市 …………………………61	リン ……………………………57
太閤下水 …………………………52	微生物 …………… 27, 41, 42, 43, 44	漏水 ……………………………29
大腸菌 ……………………………25	病原性微生物 ……………………24	漏水調査 …………………………29
第二沈殿池 ………………………37, 41, 57	深井戸 ……………………………17	ろ過 ……………… 18, 22, 23, 27, 56
台風 ……………………………45, 50	富士市 ……………………………60	ろ過装置 …………………………22
太陽光パネル ……………………22	プランクトン ……………………57	ろ過池 ……………………………19
高松市 ……………………………61	フロック …………………………19, 21	
竹原市 ……………………………61	フロック形成池 …………………19, 21	**わ**
脱水 ……………………………46, 47	風呂水 ……………………………58	和田弥生幹線 ……………………51

監修者 高堂彰二（こうどう・しょうじ）
技術士（上下水道部門、総合技術監理部門）
1957年岡山県倉敷市生まれ。1981年日本大学理工学部土木工学科卒業、設計コンサルタント会社勤務を経て、高堂技術士事務所所長、埼玉大学非常勤講師、一般社団法人技術士PLセンター理事、NPO法人環境技術士ネットワーク副理事長。著書に『トコトンやさしい水道の本』『トコトンやさしい下水道の本』『トコトンやさしい水道管の本』（以上、日刊工業新聞社）、『イラストでわかる土壌汚染』共著（技報堂出版）など。

執筆 岸川貴文

イラスト すどうまさゆき

撮影 浅野 剛

編集・デザイン ジーグレイプ株式会社

取材協力 草津市上下水道部／東京都下水道局／東京都水道局／独立行政法人水資源機構／練馬区立高松小学校／水戸市下水道管理課

写真提供 青森市環境部／アズビル金門株式会社／一般社団法人日本下水道施設業協会／岩国市ミクロ生物館／岡山市下水道河川局／学校法人大妻学院／勝山市建設部／熊本市上下水道局／神戸市建設局／札幌市下水道河川局／高松市上下水道局／竹原市建設部／東京都下水道局／東京都水道局／独立行政法人水資源機構／日清オイリオグループ株式会社／東大阪市市長公室／富士市上下水道営業課／吉見町水生活課

参考資料・文献 『トコトンやさしい水道の本』『トコトンやさしい下水道の本』『トコトンやさしい水道管の本』（いずれも高堂彰二著、日刊工業新聞社刊）

2017年12月現在の状況をもとに制作しています。

水はどこから来るのか？
水道・下水道のひみつをさぐろう

2018年3月1日　第1版第1刷発行
2020年11月10日　第1版第4刷発行
監修者　高堂彰二
発行者　後藤淳一
発行所　株式会社PHP研究所
　　　　東京本部　〒135-8137　江東区豊洲5-6-52
　　　　　　　　　児童書出版部　☎03-3520-9635（編集）
　　　　　　　　　普及部　☎03-3520-9630（販売）
　　　　京都本部　〒601-8411　京都市南区西九条北ノ内町11
　　　　PHP INTERFACE　https://www.php.co.jp/
印刷所
製本所　図書印刷株式会社

©g.Grape Co.,Ltd. 2018 Printed in Japan　　　ISBN978-4-569-78737-4

※本書の無断複製（コピー・スキャン・デジタル化等）は著作権法で認められた場合を除き、禁じられています。また、本書を代行業者等に依頼してスキャンやデジタル化することは、いかなる場合でも認められておりません。

※落丁・乱丁本の場合は弊社制作管理部（☎03-3520-9626）へご連絡下さい。送料弊社負担にてお取り替えいたします。

63P　29cm　NDC518